児島大学島嶼研ブックレット

3

T O U S H O K E N　B O O K L E

鹿児島の離島の火山

小林哲夫 著
KOBAYASHI Tetsuo

● 目 次 ●

鹿児島の離島の火山

Volcanic Islands of Kagoshima

KOBAYASHI Tetsuo

I　はじめに

鹿児島県には多くの活火山があります（図1）。活火山とは、現在も活動中の火山だけでなく、過去一万年以内に噴火した証拠がある火山も含めています。そのため現在はまったく噴気活動のない火山、たとえば開聞岳も歴史時代の西暦八七五年と八八六年に大噴火した証拠（記録等）があるため、りっぱな活火山です。

それらの活火山は、琉球海溝のやや内側（西側）にそって連なるように分布しています。鹿児島県の陸域の活火山には、北から霧島、米丸・住吉池、若尊カルデラ、桜島、池田・山川、開聞岳等がありますが、南方

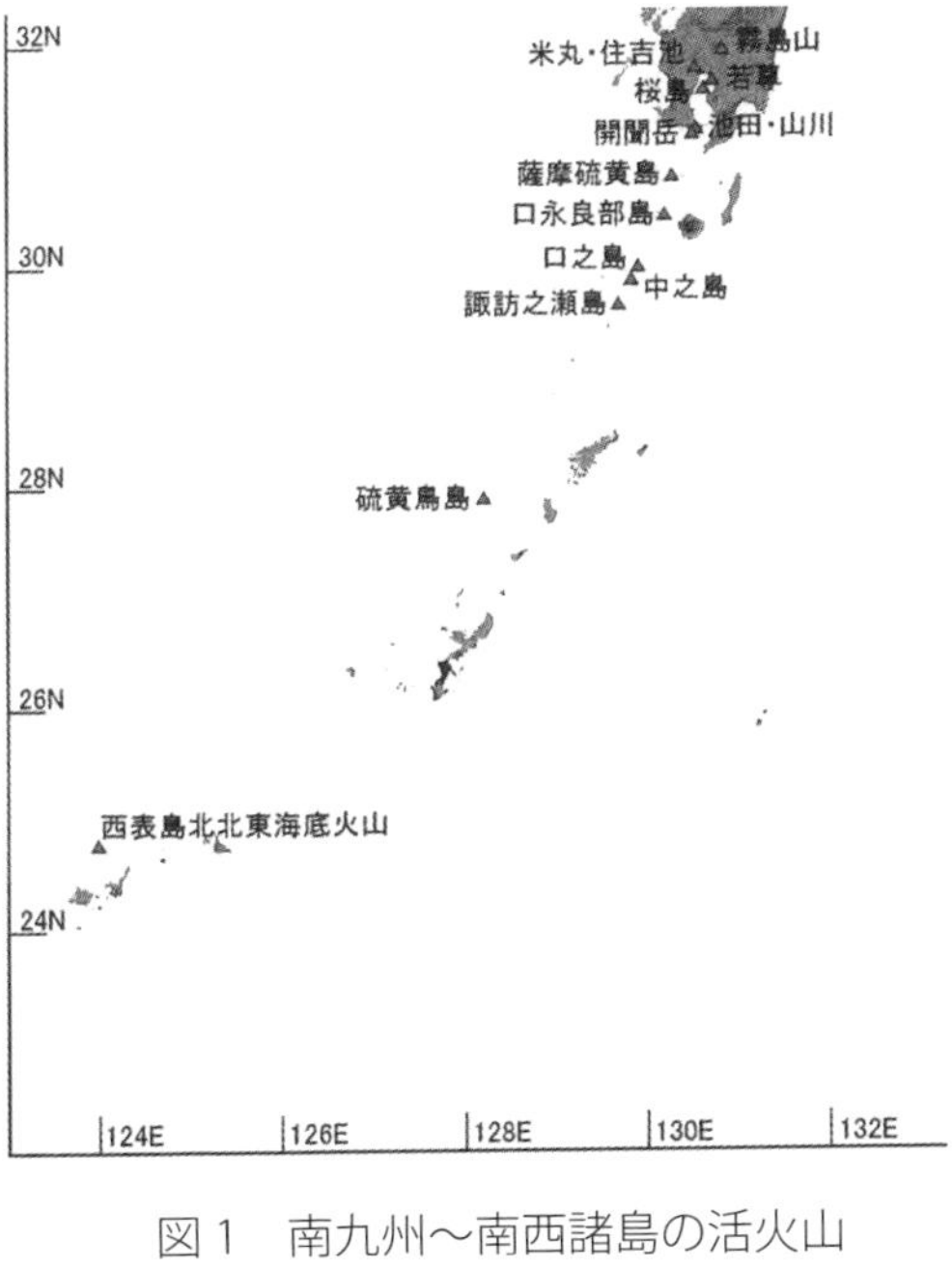

図1　南九州〜南西諸島の活火山
（気象庁）

の海域にも薩摩硫黄島、口永良部島、口之島、中之島、諏訪之瀬島、さらに南方の徳之島の西方沖には硫黄鳥島（沖縄県）があります。その火山列の背後の海底には、沖縄トラフとよばれる南北に連なる陥没地形が存在し、深海での噴気活動も確認されています。その海域でも新しい火山地形が発見されつつあります。また諏訪之瀬島の南方には、鮮明な火山地形を保持した悪石島、横当島などの火山島があります。現在は過去一万年以内に噴火した確証がないため活火山とは認定されていませんが、活火山の有力な候補です。

霧島から開聞岳までの陸域の火山では、歴史時代の噴火記録も多く残されており、西暦七〇〇年代（約一二五〇年前ころ）までの詳細な噴火年代が判明しています。しかし離島の火山では、歴史時代といっても僅か二〇〇年前までの記録があるのみで、それ以前の噴火年代は地質学的な研究で推定するしかありません。数万年前までの噴火年代を知るには、炭化した樹木などを用いた放射性炭素年代測定という方法が利用されます。また噴火年代のわかっている噴出物があれば、その上位か下位かで概略の時代を知ることができます。特に火山灰（テフラ）は溶岩よりも広域に分布するため、年代測定のための試料も得やすくなります。テフラ層でも、特に広い地域に分布するテフラは広域テフラとよばれます。特に大規模なものはほぼ日本全域で見つかっており、有名な例としては七三〇〇年前に鬼界カルデラから噴出した鬼界アカホヤ火山灰（K-Ah）（図2）

と、三万年前に姶良カルデラから噴出した姶良Tn火山灰（AT）があります。このような広域テフラは考古学分野では時間面を示す指標として盛んに利用されています。もちろん地質調査でも地層や地形の対比に利用されています。

　上記した火山以外にも、海域には古い火山島が存在しています。中之島の西方沖の臥蛇島は火山地形を残しており、約

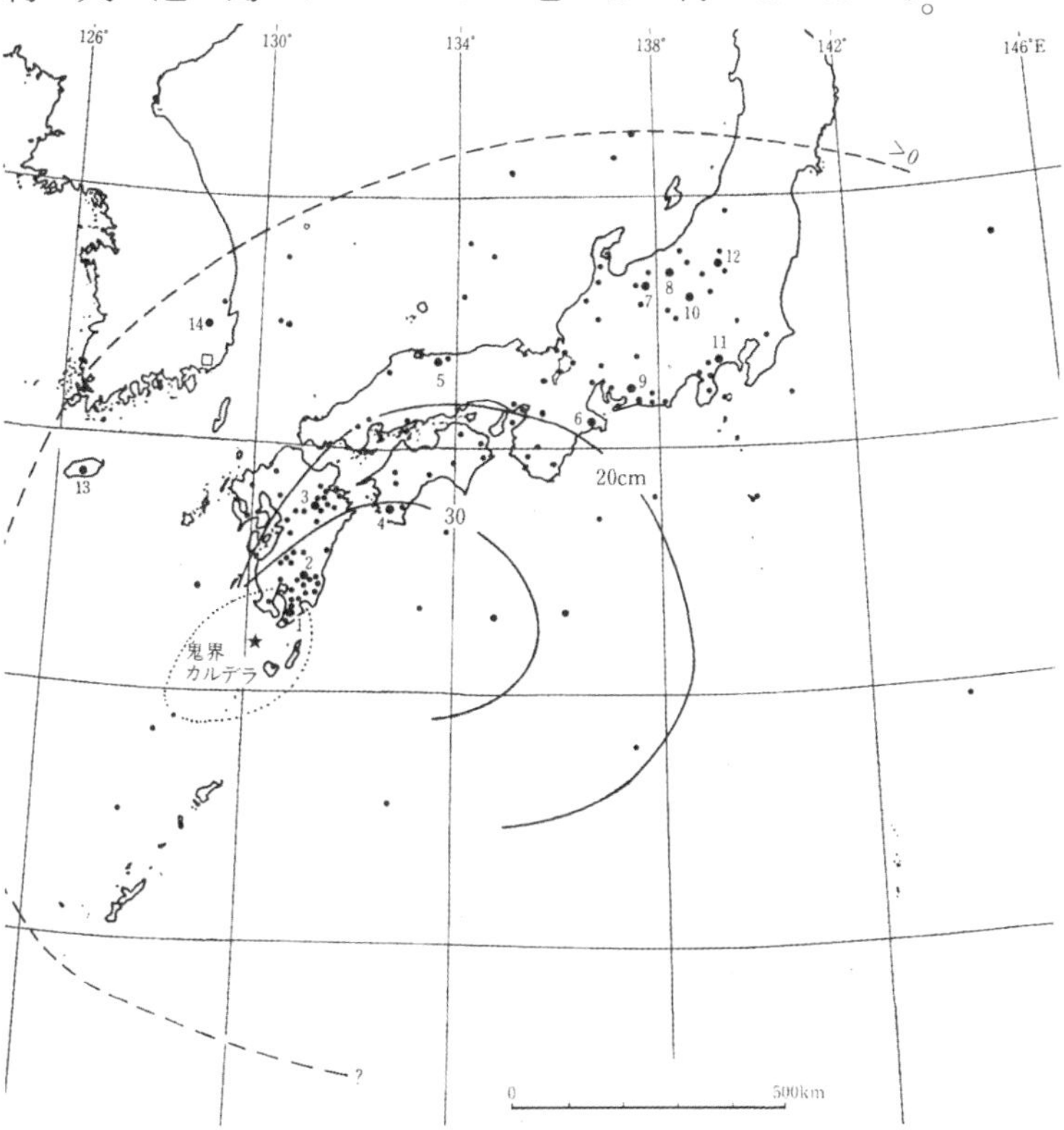

図２　鬼界 - アカホヤ火山灰の分布図
（町田・新井、2003）

二〇万年前に活動した火山です。近くの小臥蛇島は岩礁の小島で火山らしい地形は残っていませんが、現在でも噴気活動が続いています。平島は遠望すると鯨のような丸みをおびた島であり、火山の原型をとどめていません。最も新しい溶岩でも六五万年前で、古い時代の噴出物です。薩摩硫黄島の西方沖にそそり立つ黒島も古い火山体です。最新期の溶岩流では、溶岩地形が判断できる程度に保存されていますが、噴出年代は七七万年前です。先に活火山として紹介した火山島は海底から成長しており、海面上に露出する岩石でも、数十万年前という古い年代を示す事例がたくさんあります。

以上の火山は一〇〇万年前よりも新しい火山ですが、トカラ列島南端に位置する小宝島、宝島は中新世（五〇〇万年よりも古い地質時代）の噴出物で構成されており、上記した火山とはまったく異なる時代の火山に分類されます。しかし小宝島には70℃をこす高温の温泉が湧出しており、近海での火山活動との関連が推定されています。

Ⅱ　火山についての基礎知識

1　観察される噴火現象

図3は噴火で観察される代表的な現象を図示しています。火口からは噴煙が立ちのぼりますが、それとは別に、弾道軌道を描いて大きな岩塊（特徴的な形態のときは火山弾）が落下します。このように爆発で粉砕されたマグマ（岩石）の破片は総称してテフラと呼ばれます。噴煙はある高さに達すると上昇をやめ、風下側になびくようになり、風下側にはテフラが降下・堆積します。

一方、噴煙が上昇しきれずにそのまま崩れ落

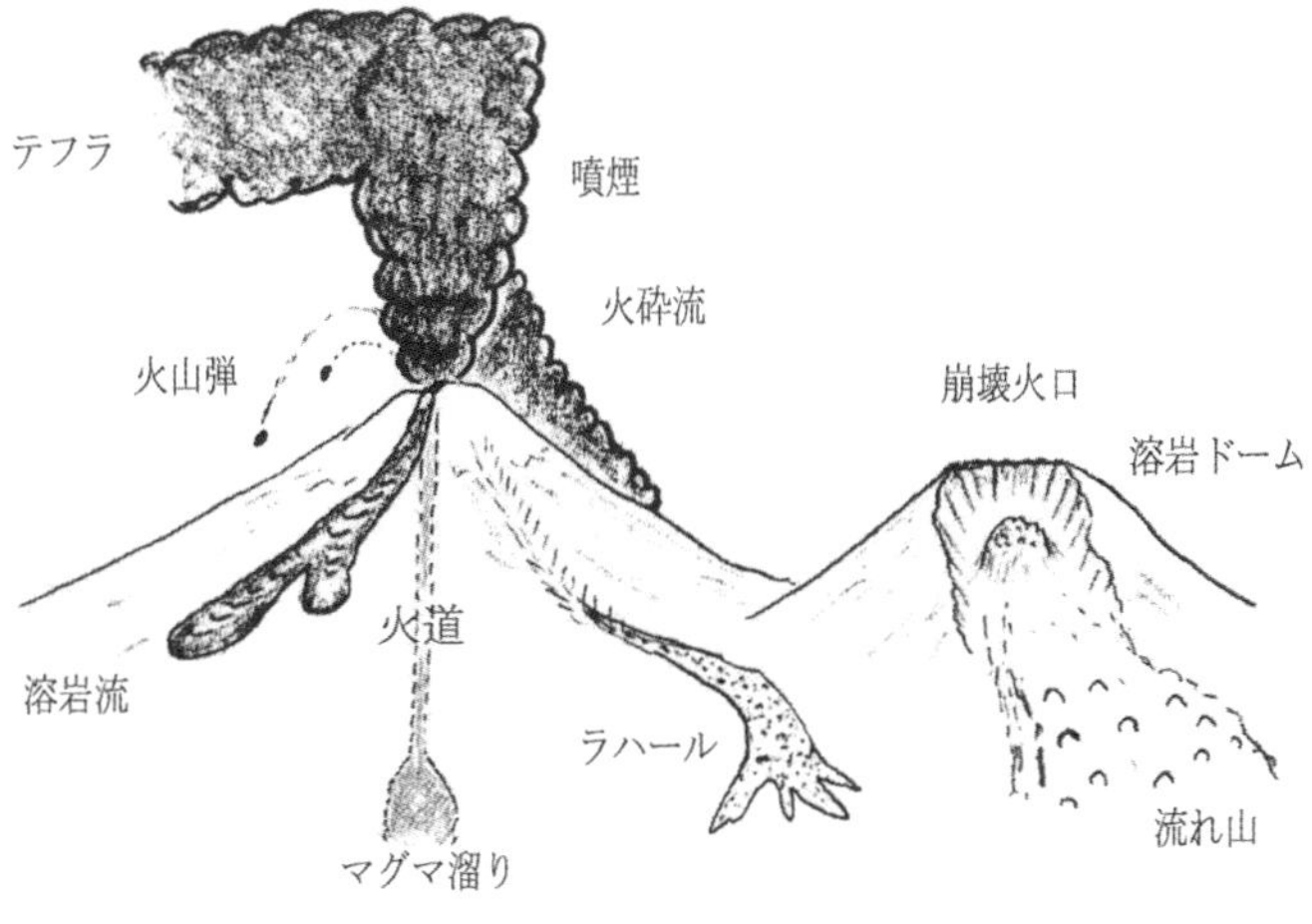

図3　噴火時に観察される様々な現象
（遠藤・小林、2012）

ちる場合もあります。そのような現象は噴煙柱崩壊とよばれ、崩壊物質が火山斜面をなだれくだり火砕流(写真1、左)となります。

マグマが火口から連続的な流体として溢れだす場合は、溶岩と呼ばれます。長い距離を流下する場合は溶岩流、火口上に饅頭のような形で盛り上がったものは溶岩ドームといいます。溶岩ドームの一部が大規模に崩れ落ちるときにも、火砕流が発生します(写真1、右)。

山体に降り積もった噴出物は、雨などの流水により噴火時だけでなく、噴火後の長期にわたって一気に流下することがあります。泥流など様々な呼び方がありますが、最近ではラハールという呼び方をします。ラハールとはインドネシアの方言であり、火山泥流あるいは土石流などの総称です。また山体が大規模に崩壊すると、岩屑なだれとなって崩れ落ちま

写真1　代表的な火砕流（左：インドネシア・チョロ火山、右：雲仙・普賢岳）両者は噴煙柱崩壊型（左）と溶岩ドーム崩壊型（右）と違いますが、流下しながら舞い上がる噴煙（熱雲）の見かけは同じです。（左の写真：モーリス＆カティア・クラフト夫妻）

す。山頂部にはスプーンで大きくえぐったような崩壊火口（馬蹄形火口）が出現し、岩屑なだれ堆積物の表面には多数の小丘（流れ山）が点在します。

2　噴火様式の違い

爆発的にテフラを噴出する噴火を分類する場合、ある火山で特徴的に発生する（発生した）噴火様式を典型例とし、その火山の名前等をつけて呼ぶことが一般的です。たとえばハワイ式噴火、ストロンボリ式噴火、ブルカノ式噴火、プリニー式噴火などです（写真2）。

ハワイ式噴火は、ハワイのキラウェア火山で頻繁に発生しています。高温で粘性の低い玄武岩質マグマがしぶきのように噴出する溶岩噴泉が特徴的です。日本では伊豆大島・三原山等の火山で発生しました。

ストロンボリ火山およびブルカノ火山は、ともに地中海の火山島です。ストロンボリ火山は紀元前から一日に何度も小噴火を繰り返しており、夜間には航海の目印となるため「地中海の灯台」とも呼ばれています。またブルカノ（Vulcano）火山は英語の火山（volcano）の語源となった山であり、ローマ時代には爆発的な噴火を繰りかえしていました。

ストロンボリ式噴火は玄武岩〜安山岩質のマグマで、爆発の勢いは弱く、噴出量も多くはありません。日本では阿蘇・中岳や諏訪之瀬島・御岳でこのタイプの噴火がしばしば発生しています。

一方、ブルカノ式噴火は激しい爆発が特徴であり、噴煙が数千メートルもの上空に達します。激しい空振を伴い、火山弾や火山岩塊を弾道放出するとともに、多量の火山灰を噴出します。このような噴火は、安山岩〜流紋岩質マグマの火山で発生します。桜島火山の山頂火口や昭和火口での爆発的噴火がその例です。諏訪之瀬島でも時にはブルカノ式噴火が発生します。

プリニー式噴火の「プリニー」は火山名でなく、イタリア、ベスビオ火山の西暦七九年噴火で救助の陣頭指揮をとった大プリニウスと、その甥で当時の記憶をもとに噴火現象を詳細に記録に残した小プリニウスの名に由来しています。プリニー式噴火は軽石（スコリア）を連続的に噴出するタイプで、噴煙が10㎞以上の高さに達し、噴火が数日間も続くことがあります。そのため噴出量は数㎦を超えることもありますが、噴出量が0・1㎦未満であれば、準プリニー式噴火として区別されます。

このように噴火を固有名詞で分類すれば、直感的には理解されやすいのですが、模式地である火山がいつも同じタイプの噴火をするとは限らないという問題があります。

以上の分類とは別に、マグマが水（湖水・海水、地下水）などと反応し、高圧の水蒸気を発生させ、非常に爆発的な噴火をすることがあります。マグマは急冷され、砕けて細粒な噴出物とな

写真２　代表的な噴火様式

左上から時計回りに，ハワイ式噴火の溶岩噴泉（キラウェア火山)、穏やかなストロンボリ式噴火（ストロンボリ火山)、爆発的なブルカノ式噴火（1980 年代の桜島火山)、大規模なプリニー式噴火（桜島火山の 1914 年（大正）噴火，鹿児島県立博物館)

ります。通常のマグマ噴火よりも爆発的な噴火をするため、水蒸気マグマ噴火（あるいはマグマ水蒸気噴火）と呼びます。

本来は穏やかな噴火をする玄武岩質マグマでも、水蒸気マグマ噴火では、火砕流のように横方向に爆発的に広がる噴煙を発生させることがあります。このような噴煙はベースサージとよばれ、非常に危険な噴火様式といえます。

3　火山噴出物の分類

3―1　テフラの分類

マグマの破砕物質であるテフラを区分するときは、大きさ、外形、発泡の有無などを基準に分類します（表1）。まず大きさのみで分類する場合、大きな方から火山岩塊（64㎜以上）、火山礫（64㎜～2㎜）、火山灰（2㎜以下）と三つに区分されます。火山灰は粒径が2㎜以下から非常に細粒なものまで変化に富みます。微粒な火山灰は水滴や小片を核として、球状の集合体となって降ることがあります。小豆～大豆ほどの丸みをおびた塊は火山豆石とよばれますが、水分が多いと泥滴となります。

二つ目の分類は、内部構造によるものです。マグマが発泡した状態で噴出すると、気泡にとんだ軽い噴出物となります。色が白～灰色のものを軽石、赤～黒っぽいものをスコリアと呼びます。軽石は安山岩～流紋岩質マグマ起源、スコリアは玄武岩～安山岩質マグマの噴火で噴出します。しかし白～灰色か黒～赤褐色かは、発泡の程度や酸化の程度でも異なるので、噴出物の色だけでマグマの組成を推定することはできません。

三つ目の分類は、噴出物の外形で分類する方法です。よく耳にする火山弾とは、長径が64㎜以上で、特定の外形と内部構造をもった噴出物で、パン皮状火山弾と紡錘状火山弾が代表例です（裏表紙を参照）。

パン皮状火山弾はお餅が焼けて膨れたような見掛けをしています。表面は緻密でガラス質ですが、落下後にまだ高温の内部で気泡が成長し徐々に膨れるために、岩塊の表面にひび割れ状の亀裂が生じます。安山岩～流紋岩質マグマのブルカノ式噴火でしばしば放出されます。外見は黒くて重そうですが、内部が軽石状なので、見かけほど重くはありません。

一方、紡錘状火山弾は空中を飛行中にスマートな外形になると思わ

表１　テフラの分類

粒子の直径	特定の外形や内部構造を持たないもの	特定の外形をもつもの	多孔質のもの
＞64 mm	火山岩塊	ジョインデッドブロック	軽石
64～2 mm	火山礫	火山弾	スコリア
＜2 mm	火山灰	スパター	

れがちですが、実はそうではありません。火口内でマグマに取り込まれた大小の岩片に、マグマがころも状に付着し、次第に大きくなったものが噴火で放出されたものです。紡錘形になるのは、飛び出る際にころもの両端がねじ切られるためであり、飛行中や着地後にできた形ではありません。一般には、玄武岩～安山岩質マグマで、あまり爆発的でない噴火（特にストロンボリ式噴火）の時に放出されます。この火山弾の断面を見ると、中心部に岩片があり、その外側に付着したマグマが同心円状の構造を示しています。

この他にパン皮状火山弾と外形は似ていますが、内部が発泡していない岩塊（ジョインテッド ブロック）もしばしば見つかります（写真3、右）。一般に平滑な面で囲まれており、その面から内部にむかって垂直な冷却節理（収縮割れ目）ができています。このタイプの岩塊は、冷却しつつある溶岩ドームが崩壊した場合、あるいは火口内で固結しつつある溶岩が爆発に

写真3　スパター（左：霧島山・御鉢）とジョインテッド・ブロック（右：口永良部島・新岳）

より砕け放出された場合などに生じます。また、落下時の衝撃により節理面が大きく開き、パン皮状火山弾に見えることもあります。しかし放出時には完全に固結しているため、火山弾とは区別しています。一方、なお粘り気の少ないマグマでは、マグマ片が着地する時もまだ液体状態のことがあり、つぶれた扁平な形に変形します。そのような噴出物をスパターとよびます（写真3、左）。

3—2　溶岩流の分類

マグマが地表に流出し、固化したものを溶岩あるいは溶岩流と呼びます。その表面形態と内部構造によって、パホイホイ溶岩、アア溶岩、塊状溶岩の三つに区分されます（写真4）。パホイホイ溶岩は丸みを帯び、ガラス光沢のある（銀色に光る）滑らかな表面をしています。また俵状～舌状の岩体が積み重なったような形態をしています。一方、アア溶岩は黒色～赤褐色で、刺々しいクリンカーと呼ばれる岩片に覆われています。この二つのタイプの溶岩は高温で低粘性の玄武岩質溶岩でしばしば産出します。表面の形態がまったく違うので、野外でも簡単に識別できます。

さらに粘性の増した溶岩流では、表面の固結した殻の部分が内部で流動する溶岩のために壊され、大小の岩塊の集合体となります。このような溶岩は塊状溶岩と呼ばれ、安山岩～流紋岩質マグマの溶岩に発達します。

溶岩の形態は、マグマの温度や粘性などの物性、化学組成や噴出率等の違いにより、随分違ったものとなります。一般に高温で低粘性の玄武岩質溶岩は薄く広く流れるため、扁平な地形となります。しかし低温で高粘性の安山岩～流紋岩質の溶岩は、厚い溶岩流～溶岩ドームとなる傾向にあります。

写真4　ハワイ島・キラウェア火山のアア溶岩（上の左側）とパホイホイ溶岩（上の右側）、下は桜島火山の塊状溶岩

3—3　火山地形

図４は代表的な火山の模式断面図です。上の五つは大型の火山で、数万年〜数十万年という長期にわたり噴火を繰り返したため、大きな火山体へと成長しました。一方、下段に示したのは小型の火山です。こちらは一度だけ（正確には１活動期）の噴火で出現した火山です。本当に一度だけの爆発でできる火口だけの地形から、１活動期（〜数十年）の間に成長し高さが１００ｍをこす火山まで変化にとみます。このように火山の寿命によって、長寿で大型の火山（複成火山）と短命で小型の火山（単成火山）の違いが生じます。

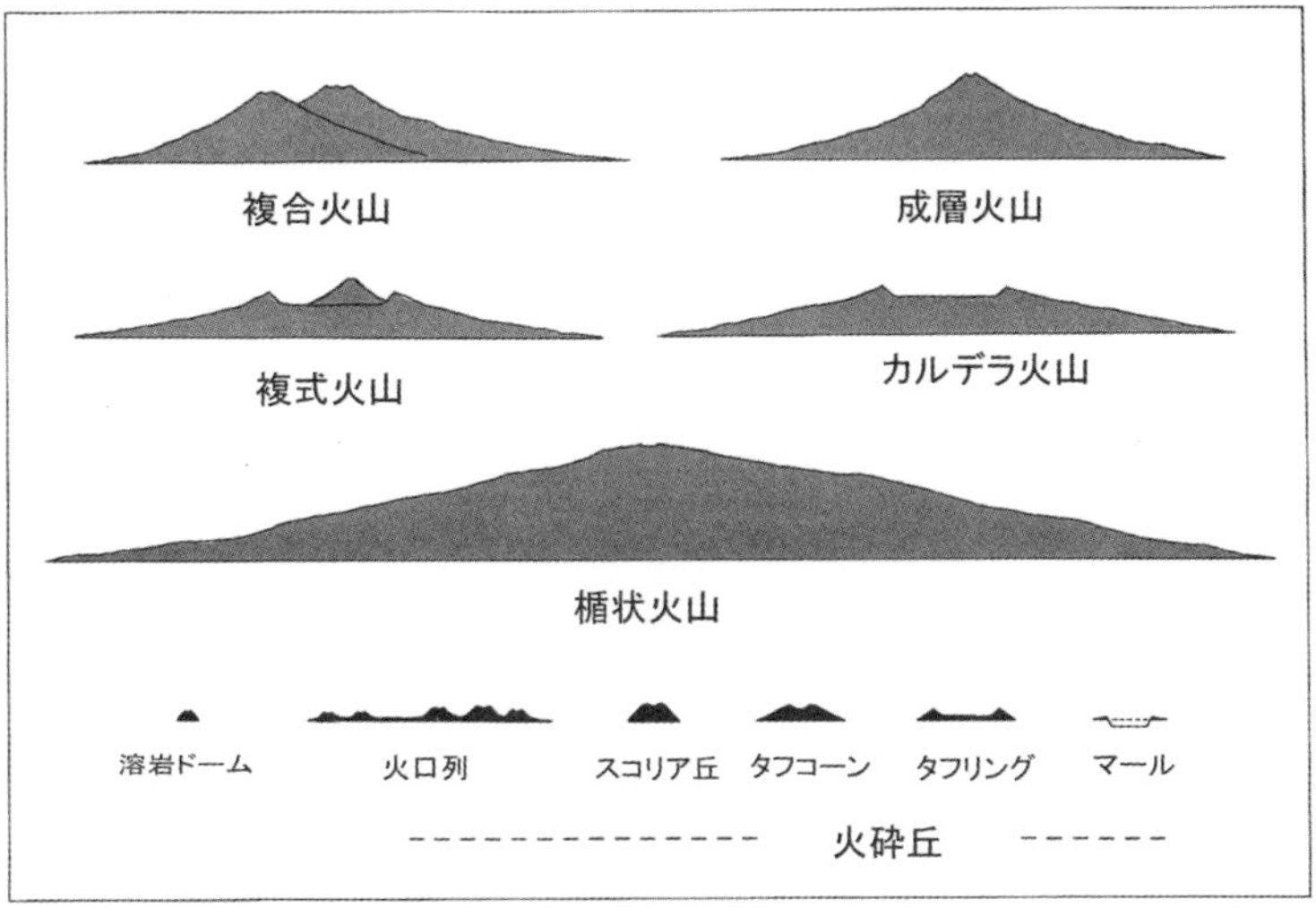

図４　火山地形の分類
上：大型の複成火山、下：小型の単成火山（遠藤・小林、2012）

写真5は各タイプの代表的な火山です。私たちになじみの深いのは富士山と同じような成層火山です。急な山体と緩やかな裾野をひくのが特徴です。複式火山は火口の中に小型の火山が成長したもので、二重～三重式の形態となります。開聞岳は二重式火山の例です。成層火山が場所を変え重なりあった火山は複合火山とよびますが、桜島火山をはじめ、大半の火山はこのタイプに分類されます。

特定の範囲に多くの火山が密集する霧島山のようなケースでは、霧島火山群と一括する呼び方があります。またさまざまなタイプの火山が集まっている地域を総称する場合には、指宿火山地域のよう

写真5　代表的な火山地形

左上から時計回りに、開聞岳（複式火山）、フィリピンのマヨン火山（成層火山）、広大な山体をほこるハワイ島のマウナ ロア火山（盾状火山）。

に呼ぶこともあります。

最も大規模な火山は、ハワイ島にあるマウナロア火山です。水深６０００ｍの海底から成長し、陸上の火山体の平均斜度は７度ほどしかありませんが、最高峰は４０００ｍ以上に達する巨大な火山体です。盾を伏せたような形から、盾状火山と呼ばれています。

そのほかに、山体部が大きく陥没したような地形をカルデラと呼びます。通常の火山の火口径は１㎞未満ですが、カルデラはそれに比べはるかに大きな火口状の窪地（４㎞以上）です。大型のカルデラ火山では、直径が20㎞以上にもなります。膨大なマグマ（１００㎦以上）がいっきに噴出するため、地下のマグマ溜りがつぶれ、地表が陥没するためにできた地形と考えられています。カルデラの周囲には噴出物（火砕流堆積物）が厚く集積して

写真６　日本でも最大規模の阿蘇カルデラ

９万年前のカルデラ噴火後に、多くの火山（中央火口丘）が誕生したが、中岳は現在も噴火を続ける活火山です。（写真：宮縁育夫氏）

おり、広大な火砕流台地（シラス台地）を形成しています。写真6の阿蘇カルデラはその典型例です。一方、南九州のカルデラ火山の多くは海面下に没しています（北から姶良・阿多・鬼界カルデラ）。

また前述した大型の火山とは別に、小型の火山も存在します。溶岩ドームなどの単成火山も多いのですが、テフラが火口周辺に集積してできた小型の火山もあります。噴火の様式により火山地形が違っていますが、それらは一般に火砕丘と呼ばれます（写真7）。

たとえば爆発により火口地形だけを残した小型の火山はマールとよばれ、大半は火口湖となっています。火口の縁にはわずかな高まりができる程度です。霧島火山の御池、姶良市蒲生の米丸・住吉池、指宿市の海岸にある山川湾もその例です。玄武岩質マグマによるストロンボリ式噴火では、スコリア丘が出現します。スコリアの大部分は火口の近傍に堆積するため、火山体がある程度大きくなると、スコリアは斜面に落下し、転動して定置するようになります。そのためスコリア丘は崖錐のように積み重なった山体であり、裾野をひかないのが特徴です。またスコリア丘の内部は発泡のよいスコリアだけで構成されているため、スコリア粒の間には空隙が存在し、雨水は山体内部に吸い込まれ（透水性が高い）、表面流水が発生しにくくなります。その結果、深く侵食されることなく、元の地形が保持されやすいのも特徴です。

もし地下水など外来水に富んだ環境であれば、水蒸気マグマ噴火となり火山灰に富む火砕丘が出現します。爆発力が強く、強力なベースサージが発生するときは、大きな火口のわりに偏平な地形（タフリング）をつくります。また爆発力が弱い場合には、火口を取り巻く急峻な山体（タフコーン）となります。ハワイ・オアフ島のダイアモンドヘッドとココクレータはタフコーン（〜タフリング）の好例

写真７　代表的な火砕丘

左上はスコリア丘（米塚，阿蘇山麓）、右上のダイアモンド ヘッドと下のココ クレーターは共にハワイ・オアフ島に位置するタフコーン（〜タフリング）。ココ クレーターの山麓の道沿いには、典型的なベースサージ堆積物の露頭が存在する。

です。日本では、次節で紹介する硫黄島のグスク火山がタフリングに分類されます。桜島火山の鍋山はタフリング（タフコーン）の形態をしており、その前面には溶岩が流出しています。噴火は当時の海岸付近で発生したことがわかっています。

Ⅲ　代表的な火山

1　薩摩硫黄島（鬼界カルデラ）

薩摩硫黄島は竹島とともに、鬼界カルデラの北側の縁を構成する小島です。鬼界カルデラについては、後で詳しく紹介しますが、薩摩半島の南端から40㎞沖の海域に位置する活動的なカルデラで、その大部分は海面下に没しています。

鬼界カルデラでの最後の大規模噴火（七三〇〇年前のアカホヤ噴火）の後に誕生した火山が、薩摩硫黄岳

写真８　噴煙をあげる薩摩硫黄岳
手前の海面上に僅かに盛り上がった岩体が昭和硫黄島。

（704m）です。写真8は東方海上から見た薩摩硫黄岳です。丸い溶岩ドームのような形をしていますが、約五〇〇〇年の歴史をもつ成層火山です。山頂には火口があり盛んに噴気をあげていますが、周囲の海岸でも高温の温泉が湧出しており、海水が黄緑色～赤褐色に変色しています。写真の手前側（東隣）には、一九三四～三五年の海底噴火で誕生した昭和硫黄島がかすかに見えていますが（写真28参照）。東西の長さが350mですが、高さは10～25mほどの扁平な溶岩ドームです。そのため、つい見落とすこともあります。

写真9は南西方向からの写真です。山

写真9　薩摩硫黄島の全景

右は噴煙をあげる薩摩硫黄岳、その手前で竹に覆われた小さな山が稲村岳。両者の左側を取巻くように分布する部分が、カルデラ壁に相当します。（写真：下宇宿和男氏）

頂火口から噴煙を上げている山が薩摩硫黄岳、その手前にスコリア丘のような形態の稲村岳があります。さらにその手前で海水が鉄さびのような色をしている部分が港です。港の背後（写真手前側）には急な崖が連なっていますが、これはカルデラ壁に相当します。カルデラの本体は、写真右側の海底に没しています。薩摩硫黄岳が海面上に出現したのは約五〇〇〇年前であり、その後三〇〇〇年前ころには主に稲村岳が活動し、小規模な成層火山となりました。その後、薩摩硫黄岳の山頂付近で崩壊が発生し、その崩壊火口で再び活動が始まり、溶岩を流出しています。最後のマグマ噴火は約五〇〇年前であり、登山道付近で見つかる大型のパン皮状火山弾がその時の噴出物です（裏表紙参照）。

薩摩硫黄岳と稲村岳は近接していますが、薩摩硫黄岳では流紋岩質マグマを噴出し、稲村岳は主に玄武岩質マグマを噴出しました。山頂火口周辺では最高温度９００℃の高温の火山ガスが噴出しており、その影響で周辺の岩石は変質作用をうけ白色の珪石と呼ばれる岩石に変わっています。かつては精錬に使う材料として珪石が採掘されていました。一九八八年以降、山頂火口の内で噴気活動が活発となり、一九九一年頃から火口底の小さな噴気孔が次第に拡大し、現在では直径２００ｍものすり鉢状の火口になっています（写真10）。

硫黄島の周辺海域では至るところに温泉が湧出しており、エメラルドグリーンの変色域が広がっています。温泉として有名なのは、溶岩の割れ目から湧出する東温泉です（写真11）。浴用としては温度が高すぎるので、複数のプールで温度を調節して利用しています。外洋に面した露天風呂であり、秘湯として全国的に有名です。

写真 10　山頂火口の左端に擂鉢状に形成された新火口
脇の車道は崩落し、現在は通行不能。左の平坦地には鉱山事務所がありました。（写真：第十管区海上保安本部）

写真 11　東温泉
足を入れている風呂が入浴に適した温度です。

2　口永良部島

口永良部島は屋久島の西方12㎞に位置する火山島であり、東西二つの島が結合したひょうたん型をしています。新しい火山は全て島の東部に位置しており、最も新しい火山地形は新岳（600m）と最高峰の古岳（657m）です（写真12）。鹿児島に近い場所にありますが、古い噴火記録は残されておらず、最古の噴火記録でも一八四一年です。この噴火で当時の中心地が被災したため、大部分が現在の本村に移ったそうです。その後の記録に残る噴火もすべて新岳で発生しています。しかし古岳でも江戸時代に相当する約二〇〇〇年前に、火砕流噴火が発生しています。古岳といえども、老衰した古い火山ではなく、将来噴火する可能性

写真12　東側上空からみた口永良部島の山頂付近
手前が古岳、その左奥が新岳（写真：第十管区海上保安本部）

を秘めた火山とみなすべきでしょう。

しかし新岳が最も新しい火山であることは、地質調査からも明らかです。その山体は主に溶岩流が積み重なった構造をしています。新岳の西側山腹から山麓にかけて新鮮な溶岩が広く分布していますが、その噴出時期は十一～十二世紀と推定されています。

一八四一年の噴火以降の記録は、一九三一～一九三四年、一九四五年、一九六六年、また一九六八年から一九七〇年代にかけて数年間隔で噴火が発生しました。一九八〇年の噴火を最後に三〇年以上噴火はありませんでしたが、二〇一四年と二〇一五年に非常に爆発的な噴火が発生しました。このうち山火事を起こした噴火は一九三三年と一九六六年の二回だけです。新岳火口の東隣には、北北東～南南西方向に連なる二つの割れ目火口がありますが、それらは一九四五年と一九八〇年の噴火で生じたものです。この割れ目の形式はともに水蒸気噴火によるものでした。

一九八〇年の噴火後は比較的静穏な状態が続きましたが、一九九九年ころから地震が多発するようになりました。注意深く観測を続けていましたが、二〇一四年八月三日に突然爆発がおこり、噴煙が激しい勢いで集落方向に流下しました（写真13）。しかし幸いなことに、民家にまでは到達しませんでした。ただ道路脇の工事現場で働いていた数人が噴煙に巻き込まれ、暗闇のなかを避難せざるをえませんでした。この噴煙は高温ではなかったため、熱傷等の被害はありませんでした。この噴火で、山頂火口を囲むように形成された割れ目火口が観測されました。この噴火をうけ、向江浜など危険な地域には立ち入りが制限されましたが、その他の地域では従来どおりの生活が続けられました。

その後は表面的には大きな変化はなかったのですが、翌二〇一五年五月二十九日に、さらに爆発的な噴火が発生し、高温の噴煙が向江浜まで押し寄せ、一人が熱傷を負いました。それ以外の住人は事前に実施した避難訓練どおりに、車で島の西側の高台に避難しました。噴煙高度が９０００ｍにも達したこと、噴煙が向江浜まで到達したことから、気象庁は噴火警戒レベルを５（全員避難）に引き上げ、全島民はフェリー等で屋久島に避難することになりました。

写真 13　激しい勢いで民家にせまる噴煙

（写真：関口　浩氏）

二〇一五年の噴火は、前年の噴火よりも爆発的で、高温の岩塊・火山灰が噴出しました（写真14）。そのため山体の樹木は爆風でなぎ倒され、広い範囲で葉が枯れるなどの被害がでました。しかし噴出量は少なく、その後の豪雨でも小規模な土石流が向江浜に向かう沢沿いに発生した程度です。

その後、六月十八日にも爆発がありましたが、それ以降は噴火がなく、帰宅を希望する住民の帰島は、十二月末に実現しました。

3　口之島

口之島は北北西〜南南東方向にのびた長径約6・7㎞、短径約3・0㎞の火山島です。写真15は南東上空から撮影した口之島です。他のトカラ列島の火山とは異なり、角閃石安山岩〜デイサイト質の火山岩が主体です。溶岩

写真 14　高温の噴煙で被害を受けた樹木

（写真：気象庁）

ドーム状の火山が集合した火山島であり、島の北部の山体は約三〇万年前、南東端のタナギ山は約五〇万年前の古い岩石からなります。中央に聳えるのが最高峰の前岳（628m）です。前岳の南東斜面（右手前側）は急な滑落崖となっており、南東端のタナギ山との間には、燃岳という饅頭のような形の溶岩ドームが存在しています。燃岳の表面は塊状の溶岩地形が鮮明で、山頂付近にはいくつかの爆裂火口が存在します。

燃岳の周辺には、溶岩ドーム出現に先立って噴出したと思われるサージ堆積物と、ドーム出現後に噴出した爆発角礫層が腐植を挟んで堆積しています。しかし鬼界アカホヤ火山灰（K-Ah）には覆われていません。燃岳の噴火記録はありませんが、地質的な証拠から、溶岩ドームの誕生は十二～十三世紀ころで、数百年

写真15　口之島の全景

手前からタナギ山、饅頭状の燃岳、急峻な前岳。燃岳の山頂部には小規模な爆裂火口が存在します。

（写真：下宇宿和男氏）

前ころまで水蒸気爆発が発生していた可能性があります。現在でも火口からは弱いながら噴気が認められます。

4　中之島

中之島は北西〜南東方向に伸びた楕円型の地形をしています。北部には均整のとれた成層火山である御岳（979m）があり、山頂火口と東側斜面で活発な噴気活動を続けています。一方、南部は火山体としての原型を留めないほど解体された古い山体であり、溶岩の年代も約五〇万年前と古い年代を示しています。

御岳の山頂火口からは、ほぼすべての方向に溶岩が流れ下っています（写真16）。写真の左側から裏側にかけての山麓には、表面地形が特に新鮮な溶岩が流れ下っています。それらはアカホ

写真16　北方上空から見た中之島
手前は均整のとれた成層火山である御岳、遠方は古い時代の火山体。御岳の山頂火口は現在でも噴気活動が活発です。山頂から山麓にかけて、幾筋もの溶岩流の地形があります。（写真：第十管区海上保安本部）

ヤ火山灰（七三〇〇年前）よりも新しいことは確かですが、具体的な噴出年代はわかっていません。それ以外の溶岩も、溶岩特有の地形が残されているため、それほど古い溶岩でないことがわかります。

写真17は口之島から撮った中之島の写真です。この写真では、山頂火口だけでなく、左手前の山腹でも、噴気活動をしているのがわかります。

歴史時代の噴火記録は、桜島火山の一九一四年の大噴火に連動するように、山頂火口で発生した小規模な水蒸気噴火の一回だけしかありません。しかし十分に噴火の可能性を秘めた火山であることは間違いありません。

写真 17　口之島から見た中之島
山頂と左手前の山腹から噴気をあげているのがわかります。

5　諏訪之瀬島

諏訪之瀬島はトカラ列島のなかの代表的な活火山であり、三つの火山体が北北東～南南西に連結したような形をしています。中央部に標高７９９ｍの御岳火山があり、北に富立岳（５３６ｍ）、南に根上岳（４０９ｍ）を従えています。写真18は火山体の中央部を写しています。御岳火山の山頂部には、東方に開いた馬蹄形の崩壊カルデラ（作地カルデラ）が存在します。そのカルデラ底には活動的な小スコリア丘である御岳が存在します。島をとりまく海岸部は大部分が急な高い崖となっていますが、作地カルデラでは比較的平坦な斜面が海岸まで達しています。

諏訪之瀬島の最古の噴火記録は一八一三年の大噴火（文化噴火）であり、全島民が近くの悪石島などに避難し、以後七〇年間は無人島になったことが知られています。そのときの噴火口を「旧火口」とよび、七〇年後に作地カルデラ内で再び噴火を始めスコリア丘が成長したので、こちらを「新

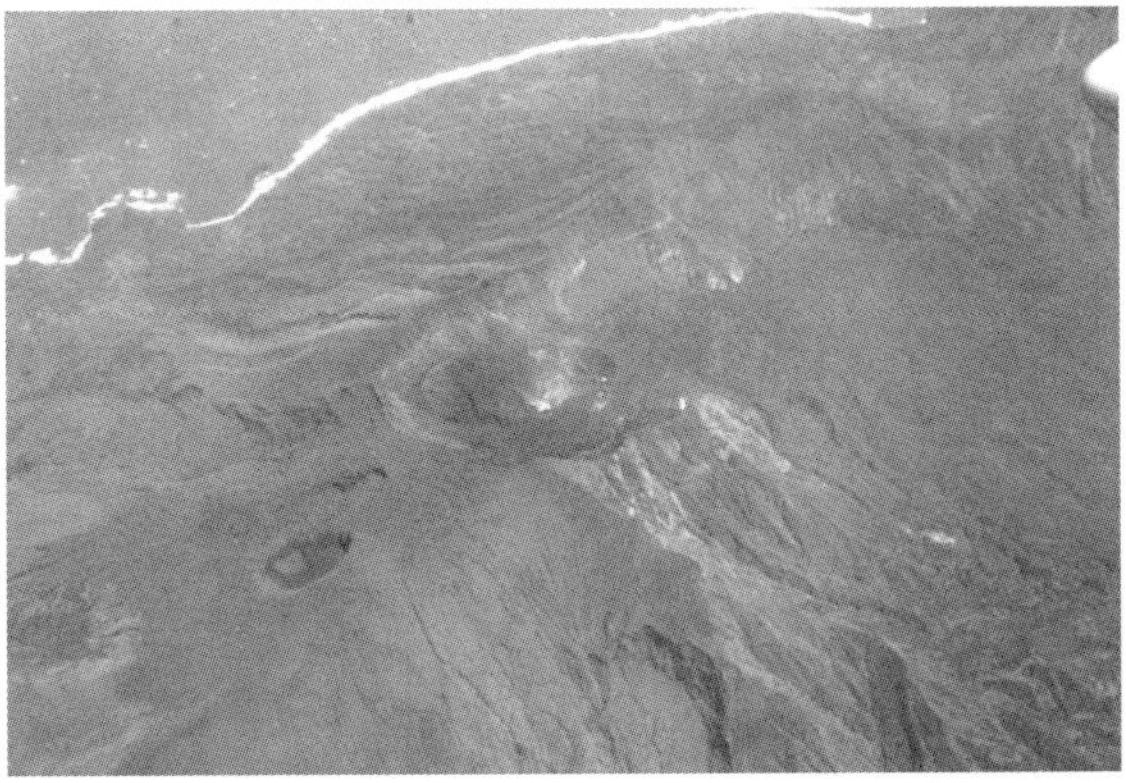

写真 18　諏訪之瀬島の中央部

噴煙を上げているのが御岳（新火口）、その火口をとりまき，右上方向に連なる崖は、作地カルデラの崩壊壁。左側斜面にある火口が旧火口。（写真：第十管区海上保安本部）

火口」とよんで区別しています。文化噴火で噴出したスコリアは島内全域に降り積もり、山頂から西海岸にかけては数十メートルの厚さで堆積し、その一部は強く溶結しています。また溶岩も流出しました。そのため西側斜面は現在でもほとんど植物のない裸地となっています。

文化噴火の推移は次のように考えられています。噴火の初期には、集落付近にはまず小粒のスコリア質火山灰が降りつもりました。この時期の噴火でも、火砕流が何度も発生したようです。噴火の最中あるいはわずかな休止時期には降雨があり、火山泥流（ラハール）も発生しました。スコリア噴火が穏やかになったころ、旧火口から溶岩の流出が始まりました。

その後、再び激しいスコリア噴火が発生しましたが、噴火が終了するころに地震が発生し、作地カルデラの一部が崩壊し、さらに大きな崩壊カルデラとなりました。

明治時代の後半のことですが、少女時代にこの噴火を体験した古老が悪石島に住んでおり、彼女らからの聞き取り結果が笹森儀助の「拾島状況録」に記されています。それによると、当時の住民は四〇〇〜五〇〇人、寺院が四つあったそうです。噴火により住民は数日間を海岸の洞窟ですごし、その後火山灰に埋まった船を鍬でかき出し、近くの悪石島や中之島などに逃れたということです。噴火の初期には集落付近はに小粒の火山灰が降りつもりましたが、その時期に多くの住民が海岸の洞窟に避難したものと思われます。その後噴火の勢いが増し集落付近にも火砕流が到達しているので、もしかしたら逃げ遅れて被災した人々がいたのかもしれません。この噴火で村落は完全に焼失してしまいました。

この噴火から七〇年間は静穏でしたが、旧島民らが再び定住するために入島した一八八四年に、作地カルデラの奥で噴火が始まり、現在の御岳が成長しました

写真 19　諏訪之瀬島の山頂部

上：作地カルデラ縁の山頂付近から見下ろす中央火口丘（御岳）。急崖はカルデラ壁で、右先の尖った山が冨立山。遠方の島は中之島。

下:作地カルデラからたどり着いた御岳．手前には広がるのは明治溶岩。

（写真19）。御岳の基底からは、流動性にとむ溶岩が、作地カルデラ内を東海岸方向に流れ下りました。この溶岩（明治溶岩）は安山岩質ですが、玄武岩質のパホイホイ溶岩とよく似た表面構造（縄状〜ロープ状の構造）をもっていました。写真20は明治溶岩の表面構造と、最近の噴火でカルデラ縁上に放出された火山弾です。

最近の数十年間はストロンボリ式〜ブルカノ式噴火を継続しており、年間爆発回数が数百回に達することもあります。桜島とともに日本を代表する活火山といえます。

6　悪石島

悪石島は北北西〜南南東にのびた火山島で、北西端にある御岳（５８４ｍ）が最も新しい火山体です（写

写真 20

左：作地カルデラ内に流下した明治溶岩。表面の縄状構造が顕著。

右：最近の噴火で山頂付近に落下した火山弾。地面は霧雨で湿っていたが、火山弾とその周囲は高温のため乾燥している。

真21)。山頂の北側山腹に火口が存在しますが、最後の噴火がいつなのかはわかっていません。北側山麓の比較的平坦な面は、最も新しい大峰溶岩の地形です。しかしAT火山灰に覆われているため、三万年よりも前(五万年前ほどか?)の噴出物です。

悪石島の岩石は主に輝石安山岩ですが、この大峰溶岩のみ角閃石デイサイトという、やや二酸化ケイ素にとむ岩石です。最近一万年間の顕著な噴火活動は認められませんが、南山麓には砂蒸し温泉(岩盤浴のように、砂の上に布などを敷いて寝る方式)があります。

7 横当島

横当島は奄美大島の北西沖に位置する小さな火山島です。横当島の北隣には上ノ根島という小火山があります。周辺海域には、この二つの火山島を取り巻くよ

写真21 北側から見た悪石島

山頂手前側に大きな窪地(火口)があります。また手前の高い崖の上部は、最も新しい大峰溶岩がつくる平坦地となっています。

うに、直径7㎞ほどの水没したカルデラ地形が存在します。それゆえ、二つの火山島は中央火口丘に相当します。なお現在のところ、カルデラからの噴出物は特定できていません。

横当島は東峰火山（495m）と西峰火山が接合しており、特に東峰は明瞭な山頂火口をもつ成層火山です（写真22）。岩石はすべて輝石安山岩ですが、大きな紡錘形火山弾が産出します（裏表紙参照）。噴火の年代を特定できるデータはありませんが、地形から判断して過去一万年以内に誕生した新しい火山と推定されます。現在でも山頂火口の一角や、上ノ根島では噴気が確認できます。さらに江戸時代には、盛んに噴煙をあげていたという古文書も残されています。それゆえ近い将来、活火山に認定される最有力候補です。

写真22　東上空から見た横当島
東峰山頂には明瞭な火口があります。
（写真：第十管区海上保安本部）

8　硫黄鳥島

硫黄鳥島は徳之島の西方約60㎞の沖合に位置する火山島です。島の大きさは長径2・7㎞、幅1㎞で、地形的には南北に二つの火山体が接合した形態をしています（写真23）。北側の丸い山体が硫黄岳（208m）で、南側の扁平な山体はグスクとよばれる火山です。実はその南東端の高まりは前岳（190m）とよばれ、グスク火山の火口縁の一部となっていますが、地質的には古い別の火山体の残骸です。

硫黄岳には、南西に開いた直径500mほどの大きな火口があり、盛んに噴気を上げています（写真24）。かつてここで硫黄を採掘しており、いまでも大量の硫黄が生成されています。火口周辺は変質が著しく内部構造は不明ですが、硫黄岳は全体的には溶岩ドームの形態をしており、特に北～東海岸は厚い溶岩の崖となっています。一六六四年以降一〇回の

写真23　西上空より見た硫黄鳥島

3つの火山体が連なっており、左の丸みをおびた硫黄岳、右側の扁平な地形のグスク火山体、右端は前岳の残骸です。（写真：下宇宿和男氏）

活動が知られていますが、すべて水蒸気噴火です。従来の研究では、活動的な硫黄岳が最も新しい火山体と考えられてきましたが、その表面を厚く覆うテフラ層は主に古期グスク火山に由来するものであり、地質的にはグスクの方が新しい火山と判断されます。

グスク火山は扁平な火山体に大きな火口をもつタフリングの地形をしていますが、実は二重の構造をしており、外側の古期グスク火山の火口径は1・5㎞、内側の新期グスク火山の火口径は500mで、その中央には偏平な溶岩ドーム（〜溶岩流）が存在しています（写真25）。草原部には硫黄を採掘する人々の住む集落や畑も存在していましたが、一九六七年の噴火で全員が島外に避難しました。それ以降は無人島となっているため、平地全体が草木に覆われており、当時の集落や畑の跡を探すのも困難です。

写真24　硫黄岳の火口

写真 25　グスク火口内にひろがった溶岩流

写真 26　島を取巻く急崖

左：グスク山体の東崖。波止場から崖沿いの道で上の平坦面に到達する。

右：岩脈が露出する前岳の崖。

写真26は島全体を取り囲む急な崖の写真です。小型の船がつける桟橋がグスク火山の東海岸にあり、そこから平坦な草地までは荷物をもって急な斜面を登るしか方法はありません。その崖にはグスク火山を構成する噴出物の層が重なっているのが観察できます。一方、南東端の前岳の崖には、少なくとも七本の岩脈が確認できます。

硫黄鳥島の岩石の大部分は輝石安山岩ですが、硫黄岳の岩石はわずかに石英の斑晶を含みます。グスク火山の噴出物は安山岩質のスコリアが主体です。前岳の岩石は玄武岩質です。徳之島には硫黄鳥島起源の火山灰が広く分布しています。

Ⅳ　海底噴火と新島の誕生

水深が１０００ｍもある深海での噴火では、水圧のため爆発がおこらず、マグマの表面は急速に冷やされ、丸い形態の枕状溶岩や水冷破砕をうけた岩体が形成されます。溶岩の表面が軽石状に発泡することもありますが、気泡ができた直後に水が入り込むため、浮上することはありません。沖縄トラフの水深１０００ｍ付近の海底に広く産出する「材木状軽石」はその典型例です。このような深海での噴火では、火山ガスなどが海面まで到達できないため、海面からは噴火の兆候を見つけることができません。

しかし水深が約３００ｍよりも浅い所で噴火すると、発泡したマグマは軽石となって浮上するようになります。特に水深が深い部分では、マグマは発泡しても水圧により爆発的な噴火とはならず、気泡にとむマグマが溶岩ドームのように押し出されます。溶岩の表面は急冷され、収縮割れ目（水冷による柱状節理）が形成され、ついには大きさが10ｍを超すような巨大な軽石（巨大軽石）となって分離し、浮上することになります。

１　薩摩硫黄島（昭和硫黄島の誕生）

このような巨大軽石は、一九三四年九月下旬に薩摩硫黄島の東沖あい、水深が約３００ｍの地点で発生した海底噴火で多量に湧出しました。図５はその生成過程のスケッチです。まず（１）噴火開始から二ヶ月以上経過した十二月

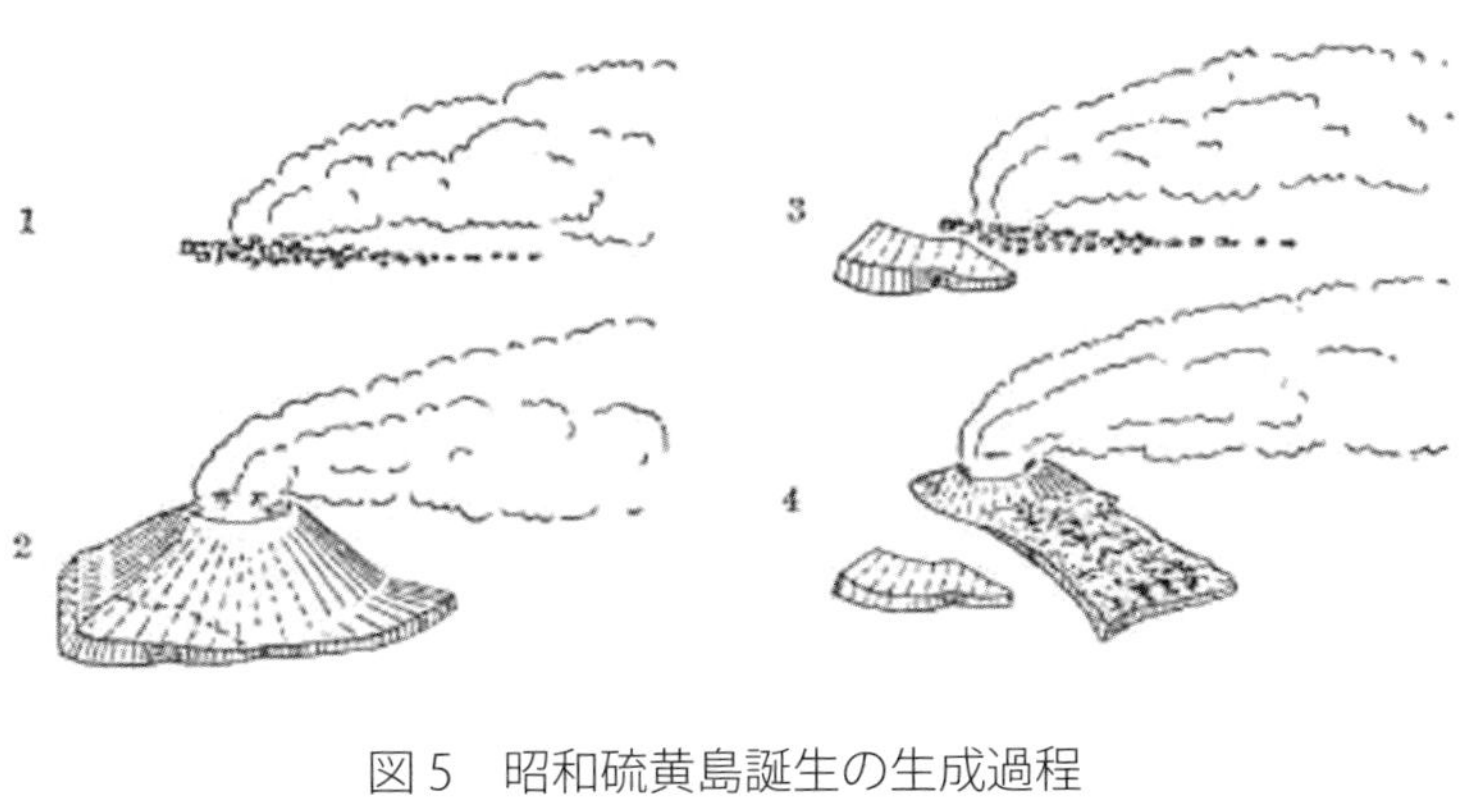

図５　昭和硫黄島誕生の生成過程
（田中館、1935）

五日でも、多量の軽石が湧出し、潮に流され列を作っていました。(2)その後の十二月二三日には火砕丘が形成されていましたが、(3)一九三五年の一月初旬には消滅していました。(4)しかしまもなく溶岩の湧出が続き、三月下旬には溶岩のみの島に成長しました。

薩摩硫黄島に流れついた軽石の最大の大きさは、長辺が7mもありました(写真27)。巨大軽石の表面にはパン皮状の亀裂が発達し、夜間にはその割れ目から内部が赤熱しているのが見えたそうです。

噴火中に湧出する巨大軽石の側に近づいた研究者が、興味深い報告を残しています。それによると、溶岩の島ができたので上陸しようとしたら、巨大な岩がぐらりと揺れたので、その時

写真 27　薩摩硫黄島に流れ着いた 7m 大の巨大軽石

表面には特徴的な亀裂(水冷による柱状節理)が発達しています。(田中館、1935)

はじめて軽石だと気づいたそうです（写真28）。今ならすぐに半径数キロメートル以内は立ち入り禁止のお触れがでて、船ではとても調査にいけないと思います。

写真29は現在の昭和硫黄島の写真です。表面には溶岩のみが分布していますが、その下位には軽石質の岩塊が集積した火山体が存在しているはずです。

写真28　1934年9月に漁船から撮影した湧出する巨大軽石群（Matumoto, 1943）

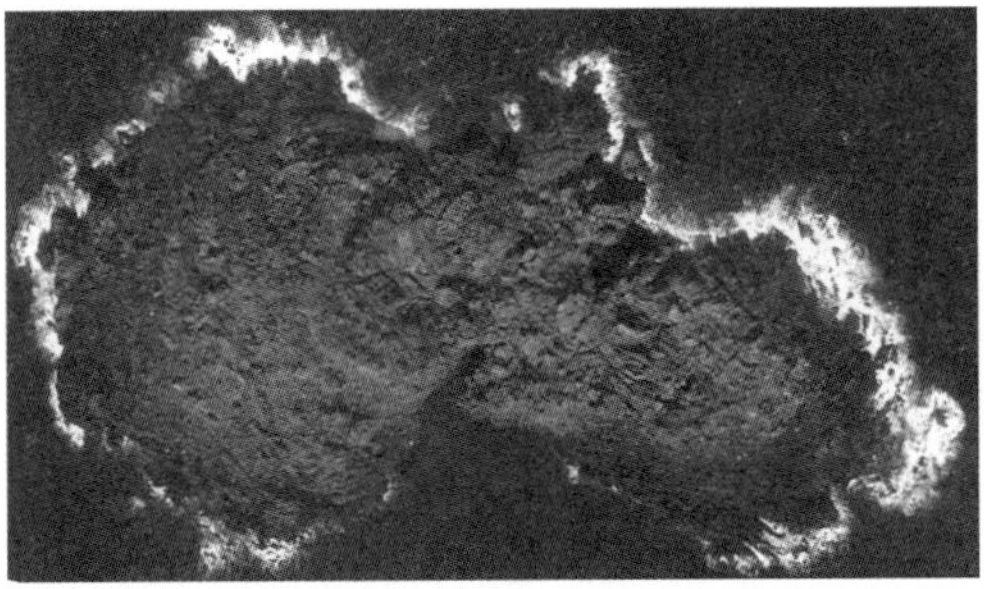

写真29　現在の昭和硫黄島
写真上が北。溶岩表面のしわ模様から、溶岩の噴出地点が島の中央部にあることが推定できます。（写真：第十管区海上保安本部）

2　桜島（安永諸島の誕生）

桜島の安永噴火（一七七九～一七八二年）でも薩摩硫黄島と同じような現象が観察されました。安永噴火はまず山体斜面の割れ目噴火で始まり、その後、北東の沖合でも海底噴火が発生しました。その噴火の発生地点は水深120mの海底であったため、マグマの爆発は水圧によって押さえられ、溶岩ドームから分離した大小の軽石のみが盛んに湧出しました。その後、5km×3kmの広がりをもつ海底が100m近く隆起し、海面下に巨大な台地状の地形が形成されました（図6）。海面付近に成長した溶岩ドームでは、爆発的な水蒸気マグマ噴火が発生しました。また隆起した海底の台地上地形の一部は海面上に達し、中ノ島、新島、恵

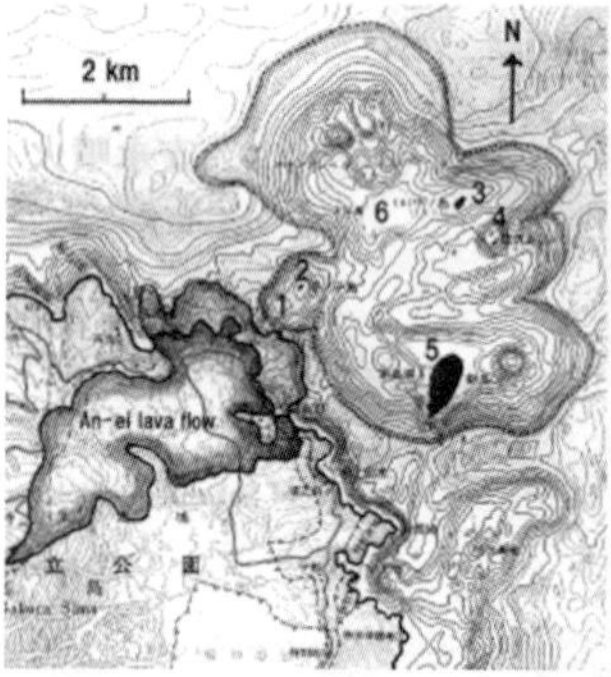

図6　安永諸島海域の地形図（左）、写真30　中ノ島の巨大軽石
地形図の北東部が海底の海台で，安永諸島は形成順に1：一番島（水没），2：猪子島，3：中ノ島，4：硫黄島，5：新島，6：泥島（桜島の大正噴火後に水没）。

比寿島（泥島）等の小島を出現させました。隆起し浅くなった海底では水蒸気爆発が発生し、津波を伴うこともありました。噴火から一年以内に、この海域の海底が隆起し、全部で七〜八島が出現しました。それらは安永諸島と呼ばれていますが、噴火直後から水没するものもあり、現在は新島、中ノ島、硫黄島の三島と、大潮の干潮時に顔を出す猪ノ子島という小岩礁が残されているだけです。

昭和硫黄島や安永諸島の周辺の海底には、今でも大きさが数メートル大の巨大軽石が沈積しているのが観察できます。また海底が隆起した中ノ島や新島の表面には、大きさが数ｍをこすような巨大軽石の岩塊が散在しています（写真30）。

3　西表島北北東沖の海底噴火

新島の出現には至りませんでしたが、一九二四年（大正十三年）に八重山諸島の西表島の北北東沖で噴火が始まり、多量の軽石が湧出し、周辺の島々の港が流れてきた多量の軽石で埋め尽くされるという事件がありました。島に流れ着いた軽石のうち、最も大きなものは２ｍ四方もあり、大人が二〜三人乗っても沈まなかったとのことです。湧出地点付近では、昭和硫黄島や桜島の安永諸島の形成時と同じく、10ｍ近い大きさの巨大軽石が湧出したのかもしれません。湧出した多

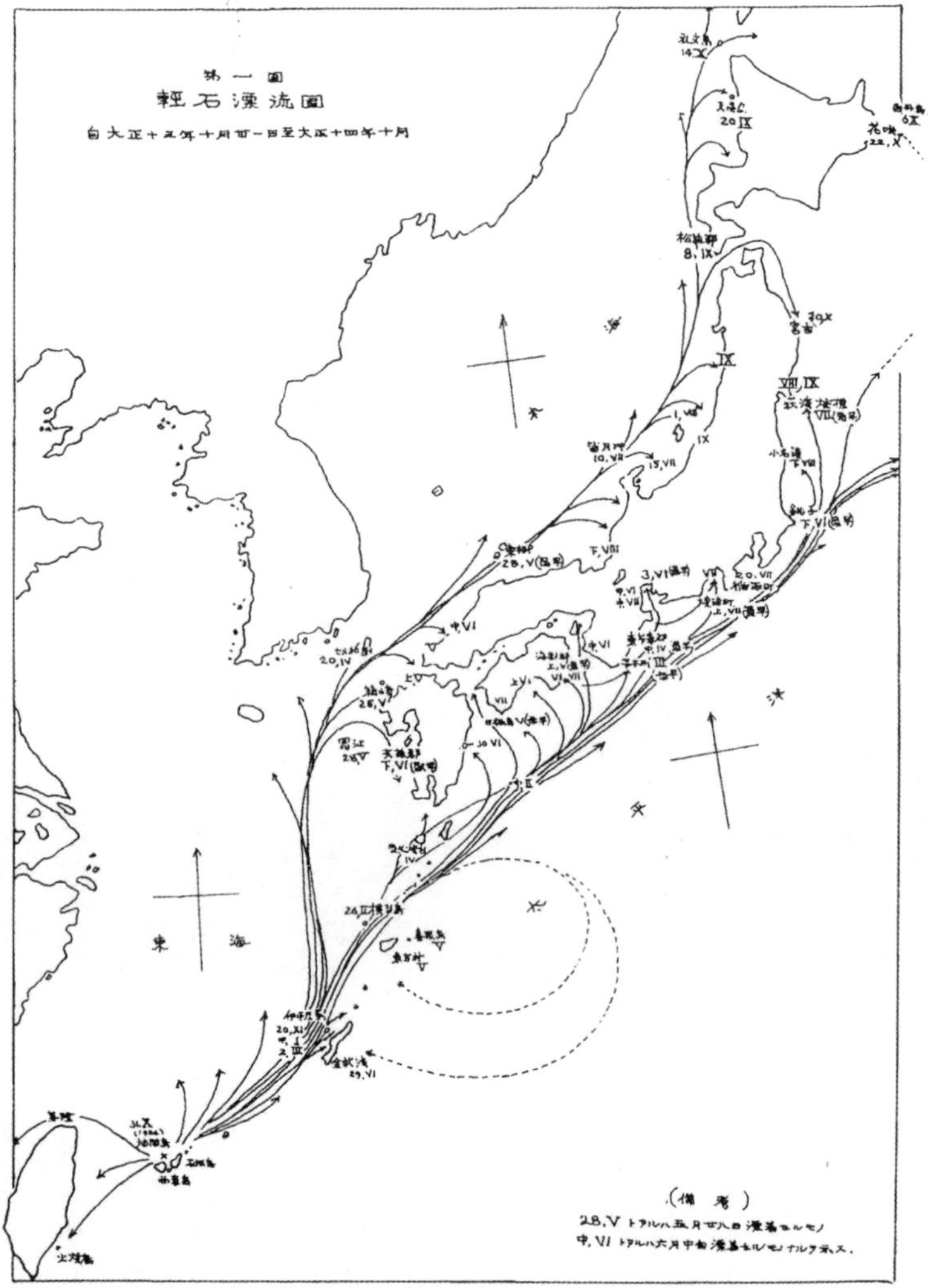

第1図　軽石漂流図

図7　西表島北北東沖の噴火で噴出した軽石の漂着経路

（関、1927）

量の軽石はその後黒潮の流れにのって、日本列島の各地に漂着しました（図7）。

この噴火では軽石の湧出地点付近を漁船が航行していたため、その概略の位置は西表島の北北東沖の20㎞付近ということがわかっていました。そのため噴火地点を特定する調査が行われてきましたが、いまだに正確な噴火地点を特定できていません。しかしその海域に火山（火口）が存在するのは確かな事実なので、気象庁により「西表島北北東海底火山」と命名されています。

Ⅴ　火山体の大規模崩壊

急な地形をもつ火山体は、重力的に不安定であり、地震や爆発、あるいは豪雨等が引き金となり、山頂部がいっきに崩れることがあります。大規模なものは山体崩壊とよばれ、山頂付近にスプーンでえぐったような窪んだ地形が出現します。また、山麓には崩れ落ちた岩塊が大小の小山となって点在する「流れ山」という特異な地形が出現します。もし山体が海域にあり、崩壊土砂が海に突入したら、どうなるでしょうか？　実は大きな津波が発生します。

島原市にある眉山という溶岩ドームが、一七九二年の雲仙岳の噴火の末期の大きな地震により大規模にくずれ、大量の崩壊土砂が有明海に流入し大規模な津波が発生しました。この事変は大潮の満潮時刻に近い夜中に発生したため、有明海沿岸一帯の村落で多大な被害が発生しました。津波の遡上高は最大で20m以上に達したと言われています。死者の総数は一万五〇〇〇人に達しました。島原側だけでなく、対岸の肥後でも五〇〇〇人近い人名が失われたため、「島原大変肥後迷惑」という言葉が伝えられました。

このような山体崩壊の痕跡は離島の火山でも確認できます。たとえば臥蛇島には明瞭な崩壊地形が残っていますが、崩壊したのはかなり古い時代なのかもしれません。諏訪之瀬島の作地カルデラは比較的新しい崩壊カルデラで、一八一三年噴火でも崩壊が拡大していますが、元のカルデラができた時代はわかっていません。ここでは歴史時代に発生した諏訪之瀬島での崩壊と、開聞岳南方海底に広がる大規模な崩壊の二例を紹介します。

1　諏訪之瀬島

一八一三年の文化噴火の末期に、山頂部に広がっていた作地カルデラ壁が崩壊し、拡大したことが知られています。作地カルデラ内では、文化噴火のスコリア質堆積物を覆って崩壊堆積物が広く分布しています。地質調査によると、崩壊はいちどに発生したものではなく、崩壊位置を変えながら、少なくとも三回発生したと推定されています。なかでも最初の崩壊が最も規模が大きかったようです。この崩壊土砂の流入により津波が発生した可能性がありますが、明確な地質学的な証拠は見つからず、また周辺の島でもそれにまつわる伝承は残されていません。崩壊規模が小さかったためか、あるいは流下速度がゆっくりであったために、津波の発生には至らなかったのかもしれません。

2　開聞岳南海底に広がる大規模な崩壊堆積物

開聞岳の南方海底には、大規模な崩壊（地すべり）地形が広がっていることが知られています（図8）。その原因として主に二つの説があります。第一は開聞岳が大規模に崩壊したために生じた地形、第二は開聞岳誕生以前に、当時の海岸の崖が崩壊した地形というものです。現在では後者であることが判明していますが、後者でも崩壊発生年代については、開聞岳誕生（四四〇〇年前）前の

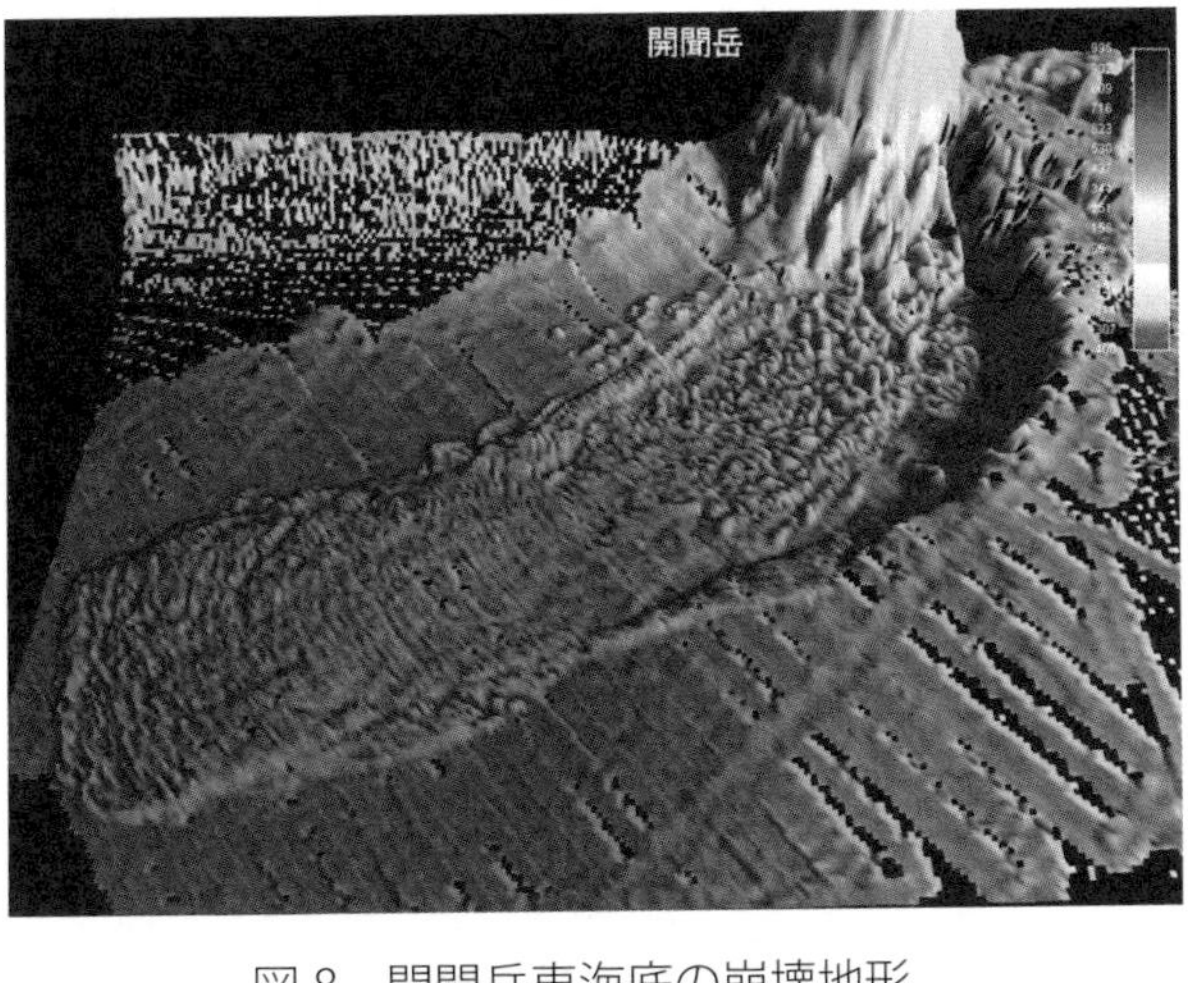

図8　開聞岳東海底の崩壊地形
（海上保安庁、2008）

前兆現象の発生時と、池田カルデラ形成の大噴火（六四〇〇年前）のころとの二つの説があります。

いずれにせよ、この崩壊で周辺地域に大きな津波が押し寄せたはずです。その津波の痕跡と考えられるものが、種子島沖の馬毛島の海岸沿いに見られます。通常の海面より高い場所に、大きな珊瑚の岩塊が打ち上げられています。その珊瑚の産状や形成年代を詳細に調べることで、この問題を解くことができるはずです。

3　崩壊の候補火山

山体崩壊はすべての火山が候補になりますが、特に、（一）山頂部が急峻な火山、（二）山体内部で熱水変質作用が進行している火山が有力な候補になります。熱水変質帯をもつ火山では、表層部には硬い岩盤で覆われていますが、その内部はむしばまれ（粘土化し）、滑りやすい状態となっています。そのような火山で、噴火が始まると、山体上部は変形し、ついには大規模に崩れ去ることになります。また（三）過去に崩壊履歴のある火山も候補になります。

第一のグループに入る火山としては、開聞岳、薩摩硫黄岳、中之島（御岳）、横当島、第二のグループには、薩摩硫黄岳、中之島（御岳）、諏訪之瀬島があります。第三のグループには、薩摩硫黄岳、口永良部島（新岳・古岳）、口之島、諏訪之瀬島があります。このなかで三つのグループすべてに挙げられているのは中之島と諏訪之瀬島です。この順に危険という意味ではありませんが、ここに示された火山では、地震、山体変形を伴うような大規模噴火が発生しそうな場合には、初期段階から十分な注意を払う必要があります。

Ⅵ　カルデラ噴火

南九州にはいくつかのカルデラ火山が存在しますが、ここでは比較的研究の進んでいる鬼界カルデラの噴火について紹介します。鬼界カルデラは海域に存在し、その大部分は水没しています（図９）。

鬼界カルデラでは、数十万年前から複数回の大規模な火砕流噴火を繰り返しています。最後のカルデラ噴火は、約七三〇〇年前に発生した「アカホヤ噴火」です。大規模なカルデラ噴火としては、日本で最も新しい噴火です。そのためカルデラの中央部は深く窪んだ地形になっていると思われますが、実際は海底の中央部が大きく盛り上がったようなドーム状の構造をしています。この不思議な海底地形は、アカホヤ噴火の後に、再びマグマが上昇し、海底を持ち上げてできた地形と推定されます。このように鬼界カルデラでは過去一万年以内に大噴火が発生しているので、鬼界カルデラ自体が活火山の定義にあてはまります。一般的なカルデラ噴火の推移は、まず大規模な降下軽石の放出（プリニー式噴火）があり、その後に破局的な火砕流噴火が発生し、ほぼ同時にカルデラが形成され、噴火が終了します。しかしアカホヤ噴火では、噴火前から噴火終了にむかって様々な地学現象が発生しました。

その第一は、アカホヤ噴火の一〇〇年以上前に、前兆現象と思われる地すべり崩壊や溶岩の流出を伴う噴火が発生したことです。その後、プリニー式噴火が発生し、破局的な火砕流噴火へと続きますが、この二つの噴火の間に、非常に規模の大きな地震が発生しました。これが第二に重要な現象です。地震の発生は噴砂などの現象として確認できます。アカホヤ噴火で発生

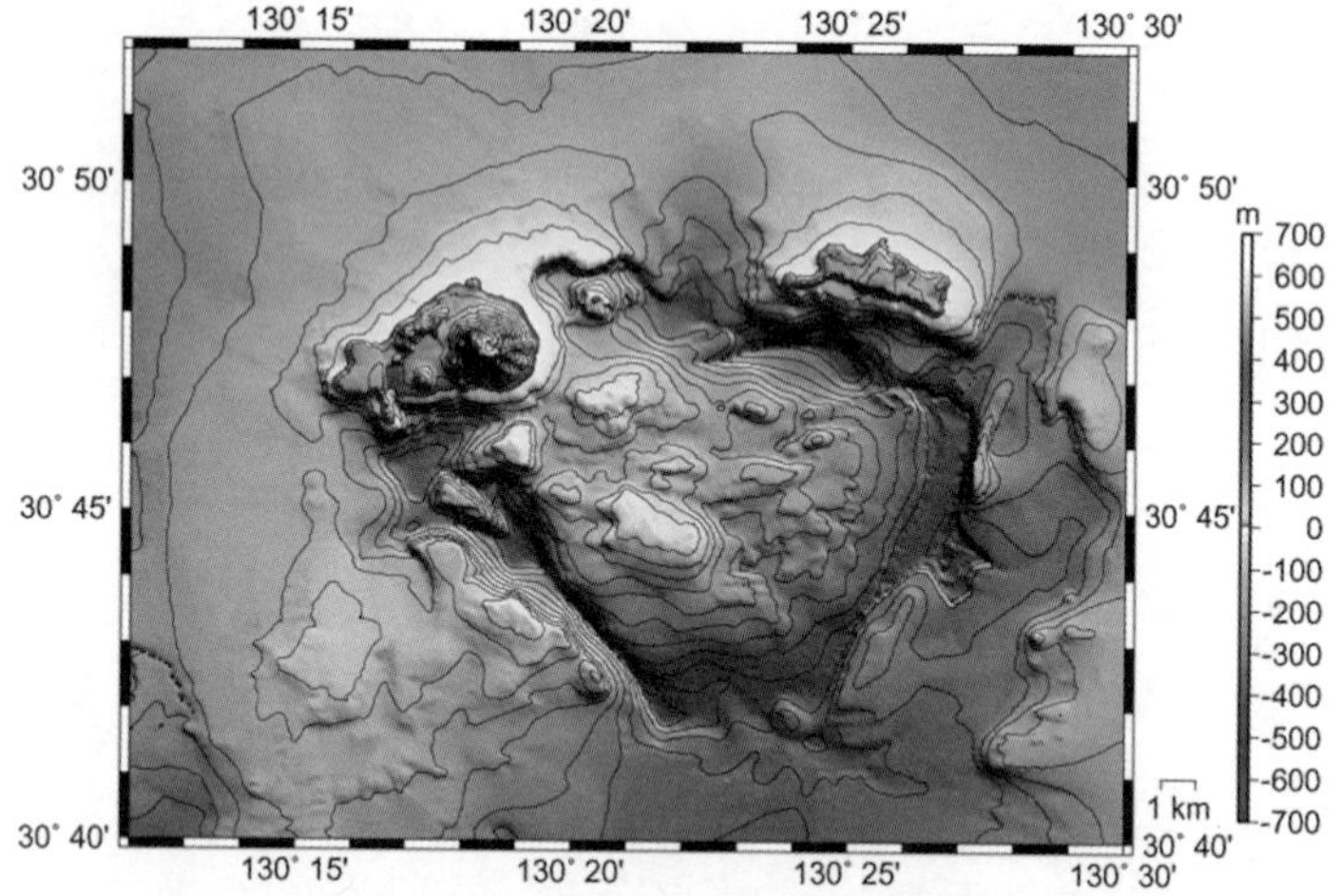

図９　鬼界カルデラの海底地形図
（海上保安庁海洋情報部）

した火砕流は海をこえ、薩摩・大隅半島にまで到達しました。縄文早期の出来事であり、当時の自然環境や人間の生活に破壊的な影響を与えたことが判明しつつあります。また上空に舞い上がった細粒火山灰（通称：アカホヤ火山灰）は東北地方にまで分布しており、ほぼ同時に降下・堆積したことを示す重要な鍵テフラとなっています（図2参照）。

まだ調査は完了していませんが、この噴火に伴って巨大な津波が発生しています。発生のタイミングとしては、噴火の最中に発生した巨大地震によるものと、カルデラ噴火終了後のカルデラの陥没（大規模な崩壊）時の二つが考えられます。カルデラに面した島や半島先端部では、波高が数十メートルに達したと推定されています。今後の調査で、どのタイミングで最大の津波が発生したのか、また南九州地域の海岸でどの程度の波高であったのか等を解明したいと思っています。

Ⅶ　おわりに

鹿児島県の海域の火山を紹介してきましたが、沖縄トラフなどの深海では、これからも未知の火山体が発見されるかもしれません。また海底での火山活動では火山ガスや熱水から沈積した金属元素が沈殿していることがあります。海底を調べると、多様な火山活動の実態がわかってくるはずです。しかし海域の火山の調査には、様々な障害があります。たとえば海底火山の噴火をいかに知るかという問題があります。水深１０００ｍを越すような深海では、噴煙が水圧で押さえ込まれてしまい、海面では噴火の発生を感知することができません。また浅海域の火山であっても、噴火予知は陸上火山以上に困難です。さらに問題なのは、海底火山では噴火履歴がほとんどわかっていません。図10は鹿児島湾口の海底地形図ですが、そのほぼ中央に、開聞岳よりやや小型の火山（神瀬）が存在していることがわかります。実はこの火山はいつごろ、どのよう

図 10　鹿児島湾口付近の海底地形図

グリッドの一辺の長さ（東西 7.3 km）。海底の高まりは西側が神瀬（-1.5 m）、東側が大曽根（-32 m）。（海上保安庁、1980）

な噴火をしたのか、また現在はどんな状態なのかなど、詳しいことはほとんどわかっていません。この海域は南方航路の大動脈となっており、もしその周辺の海域で噴火がおこれば、湧出軽石が海面を漂い、船舶の運航に大きな混乱をきたし、経済的にも大きな損失が発生することは間違いありません。早急に解明すべき重要課題であると考えます。

最後になりましたが、たくさんの火山の写真を提供していただいた、下宇宿和男氏、関口浩氏、故モーリス&カティア・クラフト夫妻、第十管区海上保安本部、気象庁、鹿児島県立博物館に感謝いたします。

Ⅷ　参考文献

はじめに
福田徹也ほか「黒島火山の活動時期の再検討と南西諸島火山岩のK-Ar年代の総括」月刊地球―総特集―九州の火山地質学―Ⅱ、一九七―二〇三、二〇一五。
気象庁、『日本活火山総覧（第3版）』、二〇〇五。
町田　洋・新井房夫『新編火山灰アトラス―日本列島とその周辺』、東京大学出版会、二〇〇三。

横瀬久芳ほか「トカラ列島における中期更新世の酸性海底火山活動」地学雑誌、一一九、三〇―五二、二〇一〇。

火山についての基礎知識

遠藤邦彦・小林哲夫『Field Geology 9 第四紀』日本地質学会フィールドジオロジー刊行委員会編、共立出版、二〇一二。

火山島の紹介

小林哲夫「徳之島に分布する火山灰層と津波堆積物―徳之島における火山災害および津波災害の可能性―」鹿児島大学地域防災教育研究センター報告書、一四一―一四六、二〇一三。
Matsumoto, T., Ueno, H., and Kobayashi, T. A new secular variation curves for South Kyushu, Japan, and its application to the dating of some lava flows. Reports of the Faculty of Science, Kagoshima University, 40, 35-49, 2007.
味喜大介「古地磁気方位・強度測定による桜島の溶岩流の年代推定」火山、四四、一一一―一二二、一九九九。
及川輝樹ほか「トカラ列島南部、横当島、上ノ根島の噴気活動」火山、五八、五六三―五六七、二〇一三。

奥野　充ほか「トカラ列島、口之島火山の噴火史」日本火山学会二〇〇四年度秋季大会講演予稿集、四六、二〇〇四。
笹森儀助「諏訪之瀬記」『拾島状況録』、一八九五。

海底噴火と新島の誕生

加藤祐三「琉球列島西表海底火山の位置と噴出物量」琉球列島の地質学的研究、六、四一—四七、一九八二a。

加藤祐三「琉球列島西表海底火山に関する資料」琉球列島の地質学的研究、六、四九—五八、一九八二b。

小林哲夫「桜島火山、安永噴火（１７７９—１７８２年）で生じた新島（安永諸島）の成因」火山、五四、一—一三、二〇〇九。

Matumoto, T. The four gigantic caldera volcanoes of Kyusyu. Japanese Journal of Geology and Geography, 19, 57p, 1943.

関　和男「軽石の漂流について」海洋気象台彙報、一〇、一—四二、一九二七。

田中館秀三「鹿児島県下硫黄島噴火概報」火山、二、一八八—二〇九、一九三五。

火山体の大規模崩壊

藤野直樹・小林哲夫「開聞岳火山の噴火史」火山、四二、一九五―二一一、一九九七。

海上保安庁「開聞岳沖の海底地すべりについて」火山噴火予知連絡会報、九七、九八―一〇二、二〇〇八。

中村真人「開聞岳火山山頂部の溶岩円頂丘」日本火山学会編『空中写真による日本の火山地形』東京大学出版会、二八―三九、一九八四。

嶋野岳人「諏訪之瀬島火山の1813年山体崩壊過程」月刊地球―総特集―九州の火山地質学―Ⅱ、二〇四―二〇九、二〇一五。

カルデラ噴火

海上保安庁海洋情報部「海域火山データベース―薩摩硫黄島」(http://www1.kaiho.mlit.go.jp/GIJUTSUKOKUSAI/kaiikiDB/list-2.htm)。

小林哲夫「カルデラの研究からイメージされる新しい火山像―マグマの発生から噴火現象までを制御するマントル―地殻の応力場―」月刊地球―総特集―カルデラ生成噴火―準備過程の理解に向けて―、号外、六〇、六五―七六、二〇〇八。

おわりに

海上保安庁「沿岸の海の基本図(5万分の1)佐多岬、海底地形図(第6354号5)」一九八〇(保安庁図誌利用281001号)。

刊行の辞

鹿児島大学は、本土最南端に位置する総合大学として、伝統的に南方地域に深い学問的関心を抱き続けてきており、多くの研究により成果あげてきました。そのような伝統を基に、国際島嶼教育研究センターは鹿児島大学憲章に基づき、「鹿児島県島嶼域～アジア・太平洋島嶼域」における鹿児島大学の教育および研究戦略のコアとしての役割を果たす施設とし、将来的には、国内外の教育・研究者が集結可能で情報発信力のある全国共同利用・共同研究施設としての発展を目指しています。

国際島嶼教育研究センターの歴史の始まりは、昭和五六年から七年間存続した南方海域研究センターで、その後昭和六三年から十年間存続した南太平洋海域研究センター、そして平成一〇年から十二年間存続した多島圏研究センターです平成二二年四月に多島圏研究センターから改組され、現在、国際島嶼教育研究センターとして鹿児島県島嶼からアジア太平洋島嶼部を対象に教育研究を行なっている組織です。

鹿児島県島嶼を含むアジア太平洋島嶼部では、現在、環境問題、環境保全、領土問題、持続的発展など多岐にわたる課題や問題が多く存在します。国際島嶼教育研究センターは、このような問題にたいして、文理融合的かつ分野横断的なアプローチで教育・研究を推進してきました。現在までの多くの成果を学問分野での発展のために貢献してきましたが、今後は高校生、大学生などの将来の人材への育成や一般の方への知の還元をめざしていきたいと考えています。この目的への第一歩として鹿児島大学島嶼研ブックレットの出版という形で、本目的を目指せたらと考えています。本ブックレットが多くの方の手元に届き、島嶼の発展の一翼を担えれば幸いです。

二〇一五年三月

国際島嶼教育研究センター長

河合　渓

小林哲夫（こばやし　てつお）

[著者略歴]
1950 年生まれ。
1977 年北海道大学理学研究科博士課程地質学鉱物学専攻中退後、鹿児島大学理学部地学科（その後、理学部地球環境科学科、大学院理工学研究科）にて教育・研究を担当。
鹿児島大学名誉教授・理学博士。

[主要著書]
『フィールドガイド　日本の火山』（全 6 巻）築地書館、1998～2000 年（共編）
『Field Geology 9 第四紀』共立出版、2012 年（共著）

鹿児島大学島嶼研ブックレット　No.3
鹿児島の離島の火山

2016 年 3 月 24 日　第 1 版第 1 刷発行
2017 年 1 月 10 日　　〃　第 2 刷 〃

著　者　小林　哲夫
発行者　鹿児島大学国際島嶼教育研究センター
発行所　北斗書房
〒132-0024　東京都江戸川区一之江 8 の 3 の 2（MM ビル）
定価は表紙に表示してあります　電話 03-3674-5241　FAX03-3674-5244
URL　Http//www.gyokyo.co.jp

ISBN978-4-89290-035-8 C0044